U0395957

奇妙世界发现之旅

美丽的自然

王爱军／文　　邓长发／图

上海科学普及出版社

图书在版编目（CIP）数据

美丽的自然 / 王爱军文；邓长发图．
- 上海：上海科学普及出版社，2016.3
（奇妙世界发现之旅）
ISBN 978-7-5427-6590-1
Ⅰ．①美… Ⅱ．①王… Ⅲ．①自然科学 - 儿童读物 Ⅳ．①N49
中国版本图书馆 CIP 数据核字（2015）第 278254 号

责任编辑：李 蕾

奇妙世界发现之旅
美丽的自然
王爱军/文 邓长发/图
上海科学普及出版社出版发行
（上海中山北路832号 邮政编码200070）
http://www.pspsh.com

各地新华书店经销 北京市梨园彩印厂印刷
开本889×1194 1/12 印张3
2016年5月第1版 2016年5月第1次印刷

ISBN 978-7-5427-6590-1 定价：29.80元

目 录 CONTENTS

第一部分
神秘夜空

古时候的人们觉得夜空很神秘，于是就有了很多神话故事。你知道图中的神话吗？

意大利科学家伽利略制作了世界上第一架用于天文观测的望远镜，用于观察和研究宇宙天体。

伽利略发现月亮并不像人们想象的那样光滑，上面有高山、深谷。

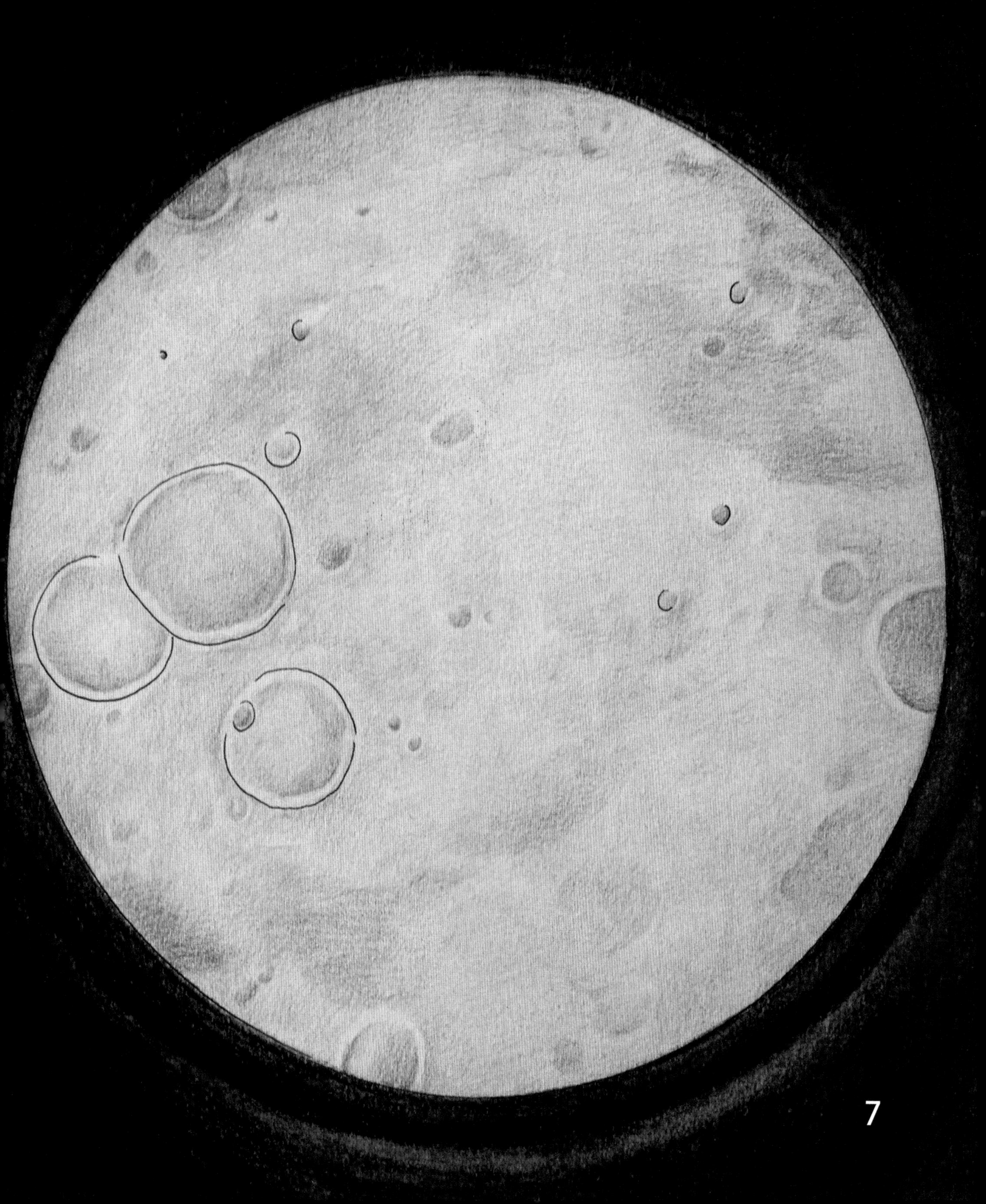

他还发现，银河是由许多小星星汇聚而成的，人的肉眼见到的只是离地球最近的那些星星。

伽利略还发现，地球是围绕着太阳旋转的，而当时人们都说太阳是围绕着地球旋转的。

经过长期的观察，伽利略写出了《星空使者》这部书。人们都说：“哥伦布发现了新大陆，伽利略发现了新宇宙。”

你观察过晚上的天空吗？画一画美丽的夜空。

给这些星球涂上颜色吧。

第二部分

春天来了

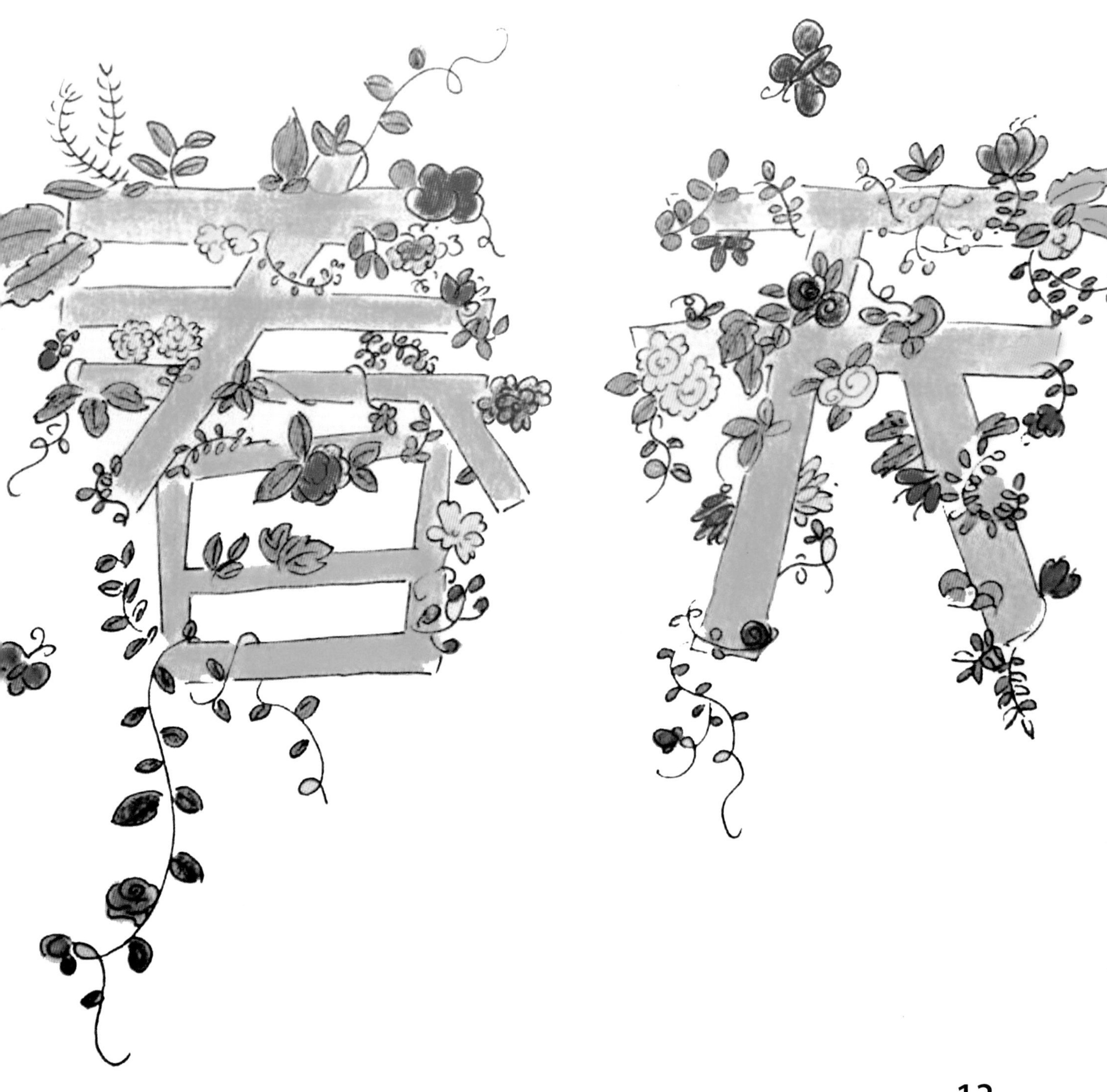

春天来了，天气变暖了。

柳条上探出了芽苞，地上的小草变绿了。

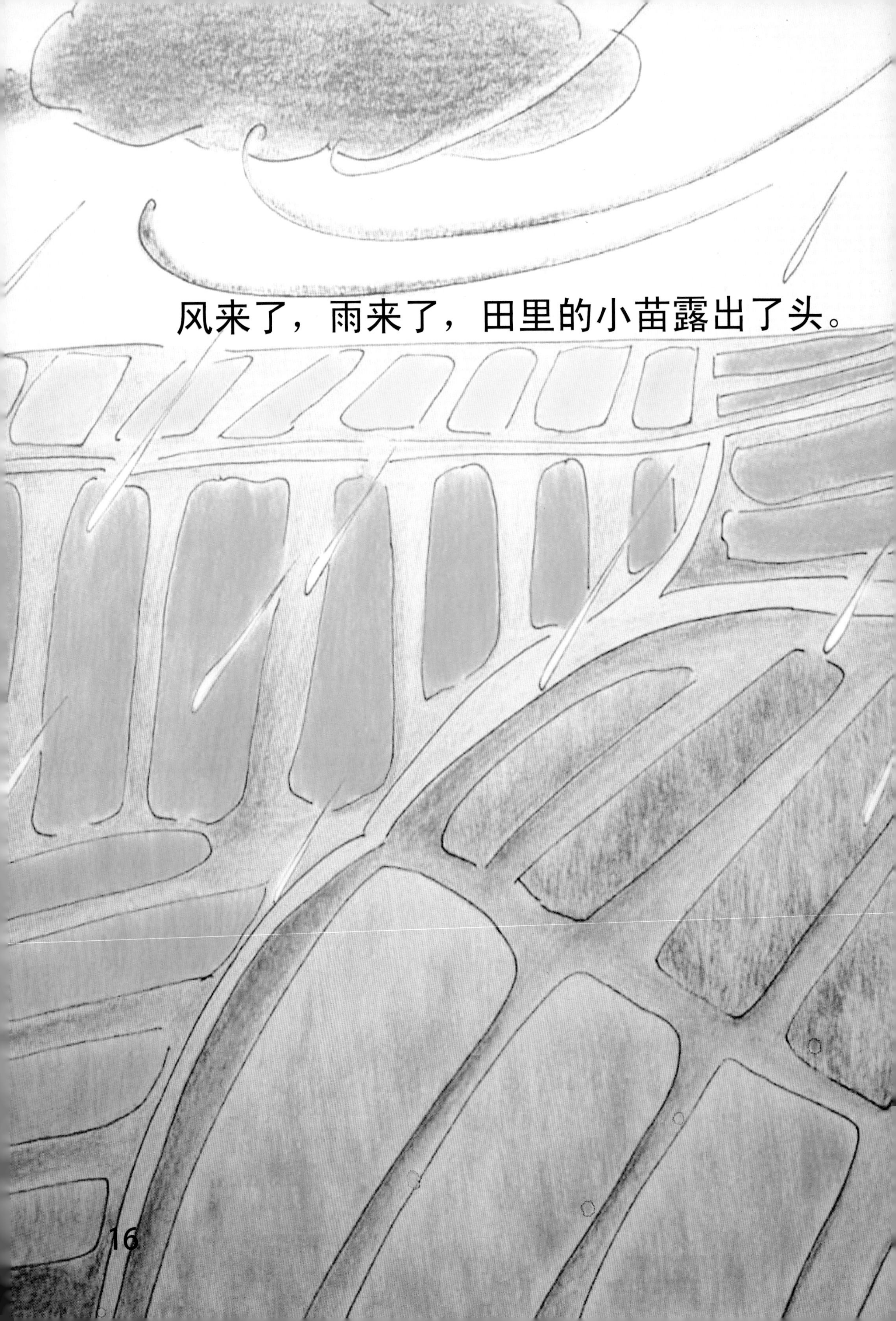
风来了，雨来了，田里的小苗露出了头。

红的、白的、黄的、紫的……
五颜六色的野花，多美呀！

一对对燕子穿过山川，越过湖面，来到北方。

小溪开始“哗啦哗啦”地唱歌。

小笋儿们都怯生生地探出自己的小脑袋，不久就长成了挺拔的竹子。

孩子们在草地上飞快地奔跑着、嬉笑着、追逐着。

“放风筝了！”天空中有好多翱翔“展翅”的风筝。

瞧，这就是美丽的春天。

请给花儿涂上颜色吧。

请你给美丽的春天涂上颜色。

小朋友，你能说出下面四幅图分别描绘的是哪个季节的景色吗？

第三部分

炎炎夏日

夏天，天气真热。知了在树上叫着，好像在说："真热啊！"

小鸡们跑到大树下乘凉。

小鸭跳到河里洗个澡。

蜗牛躲进壳里睡大觉。

小狗伸出舌头散散热。

水牛跑进河里泡一泡。

小朋友们跳入游泳池里游泳。

爷爷奶奶打开空调，再切开一只大西瓜……夏天，真美好。

请给画面涂上自己喜欢的颜色。